JN080998

くらべてみよう!

学校のまわりの外国から来た植物

セイヨウアブラナ・オオイヌノフグリほか

写真・文
亀田龍吉

汐文社

はじめに

みなさんの学校にはどんな植物が生えていますか。花だんで育てているものから、校庭のすみや校舎の裏、フェンスの周辺まで、あちこちにいろいろな植物があるはずです。そして現在では、その多くは日本に昔からある植物（在来種）ではなく、外国から来た植物（外来種）であることが多いようです。
この本では、どれが外国から来た植物で、いつどこから来たのか、在来種とどうちがうのかなどを見ていきたいと思います。
植物のふるさとや歴史が分かると、その植物とふるさとの国までがきっとより身近に感じられるようになるでしょう。

もくじ

はじめに……2
外国から来た植物について……4
この本の使い方……5
植物の花のつくり……5
植物環境マップ
校庭……6
セイヨウアブラナ……8
セイヨウカラシナ……9
アブラナ……10
ナノハナの仲間大集合……11
オオイヌノフグリ……12
イヌノフグリ……13
タチイヌノフグリ……13
セイヨウヒルガオ……14
ヒルガオ……15
ツボミオオバコ……16
ヘラオオバコ……16
オオバコ……17
元気な日本の在来種……18
ポーチュラカ……20
スベリヒユ……21
ナガミヒナゲシ……22
ホウセンカ……24
サルビア……24
ツリフネソウ……25
キバナアキギリ……25
チューリップ……26
ラッパズイセン……26
アマナ……27
ニホンズイセン……27
ニワゼキショウ……28
ハナニラ……28
ナガエコミカンソウ……29
コニシキソウ……29
学校花だんの人気者……30

ミカンに似た実がなるナガエコミカンソウ。

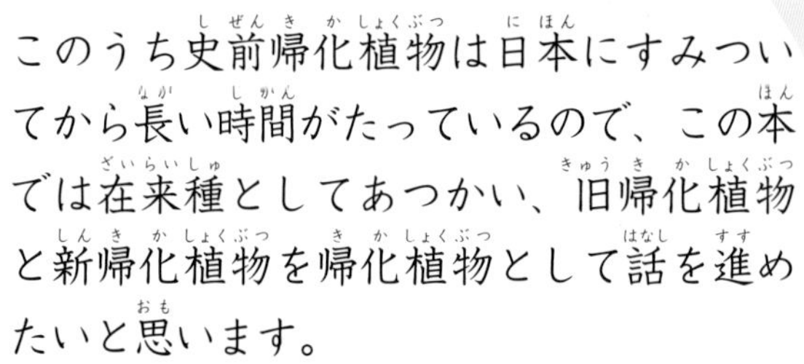

外国から来た植物について

外国から来た植物（外来種）のうち、最初は人が持ちこんだのに、人が育てなくても自然に生えてきて、すっかり日本にすみつくようになった植物（野生種）を「帰化植物」といいます。帰化植物はさらに、

①弥生時代あたりまでに米や麦などの作物に混ざって中国などから持ちこまれた「史前帰化植物」。

②それ以後、江戸時代までに入ってきた「旧帰化植物」。

③江戸時代末期に鎖国が終わってから現在までに入ってきた「新帰化植物」。

この3つに分けられることがあります。*

このうち史前帰化植物は日本にすみついてから長い時間がたっているので、この本では在来種としてあつかい、旧帰化植物と新帰化植物を帰化植物として話を進めたいと思います。

これまでの時代とくらべても現代は、海外との行き来が盛んになるばかりですし、それにともなって野菜や穀物、牧草、園芸植物などの輸入もふえて、今では帰化植物は1,000種以上もあるのではないかといわれています。その中には人の役に立っているものや、親しまれているものもあれば、逆にふえすぎて困っているものや、在来種を追いやってしまっているものもあります。しかし、いずれにせよ、帰化植物からすれば知らない土地に連れてこられて、ただいっしょうけんめい生きているだけかもしれません。もともと人が持ちこんだものですから、うまくつきあっていく方法を考えていかなければならないでしょう。外国から来た植物に目を向けることは、人間生活や環境や自然について考えることにもつながっているのです。

＊外来種や帰化植物の分け方は諸説あります。

この本の使い方

青字で表記した植物は、外来種・帰化植物。

赤字で表記した植物は、日本に自生する在来種。

自然状態で生育している環境写真。

植物のおもしろ情報をイラストで楽しく紹介。

●分類
植物の仲間分けのこと。本書では科名とそれより小さな仲間分けの属名を紹介。

●花期
花の咲く時期。日本列島は南北に長く、地域によって咲く時期が異なるため6～8月というように幅をもたせて表示。

●原産地
外来種・帰化植物の原産地。野生種として自然分布している地域。

●渡来時期
外来種・帰化植物が日本に渡ってきた時期。

●分布
日本列島を「北海道、本州、四国、九州、沖縄」の5ブロックに分け、野生種が生育している地域を紹介。

植物の花のつくり

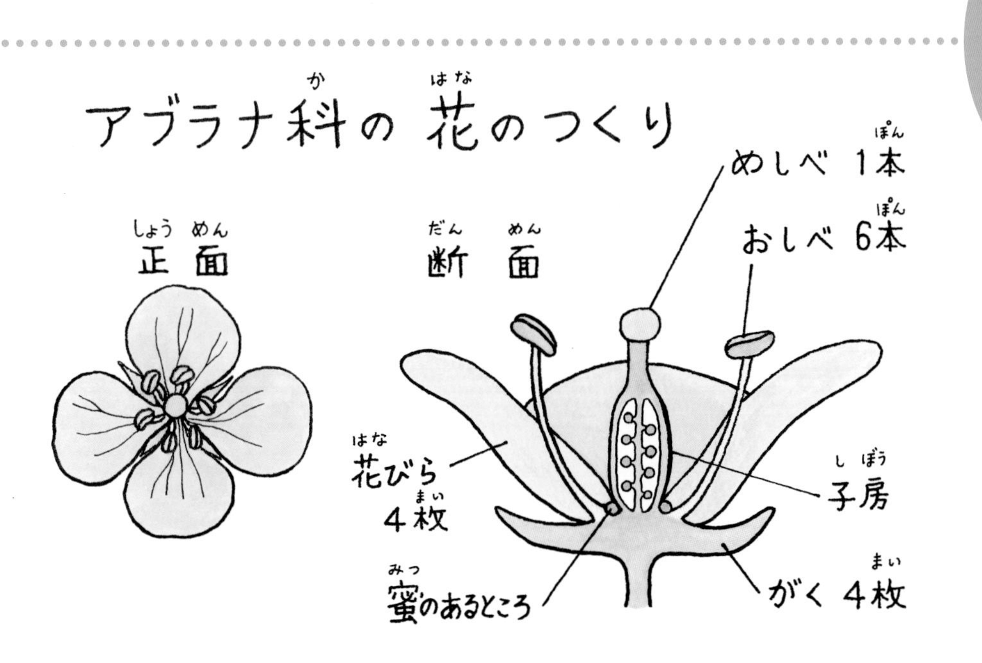

しょくぶつかんきょう
植物環境マップ
こうてい
校庭
セイヨウアブラナ
ショカッサイ
ビオラ
ポーチュラカ
チューリップ
パンジー

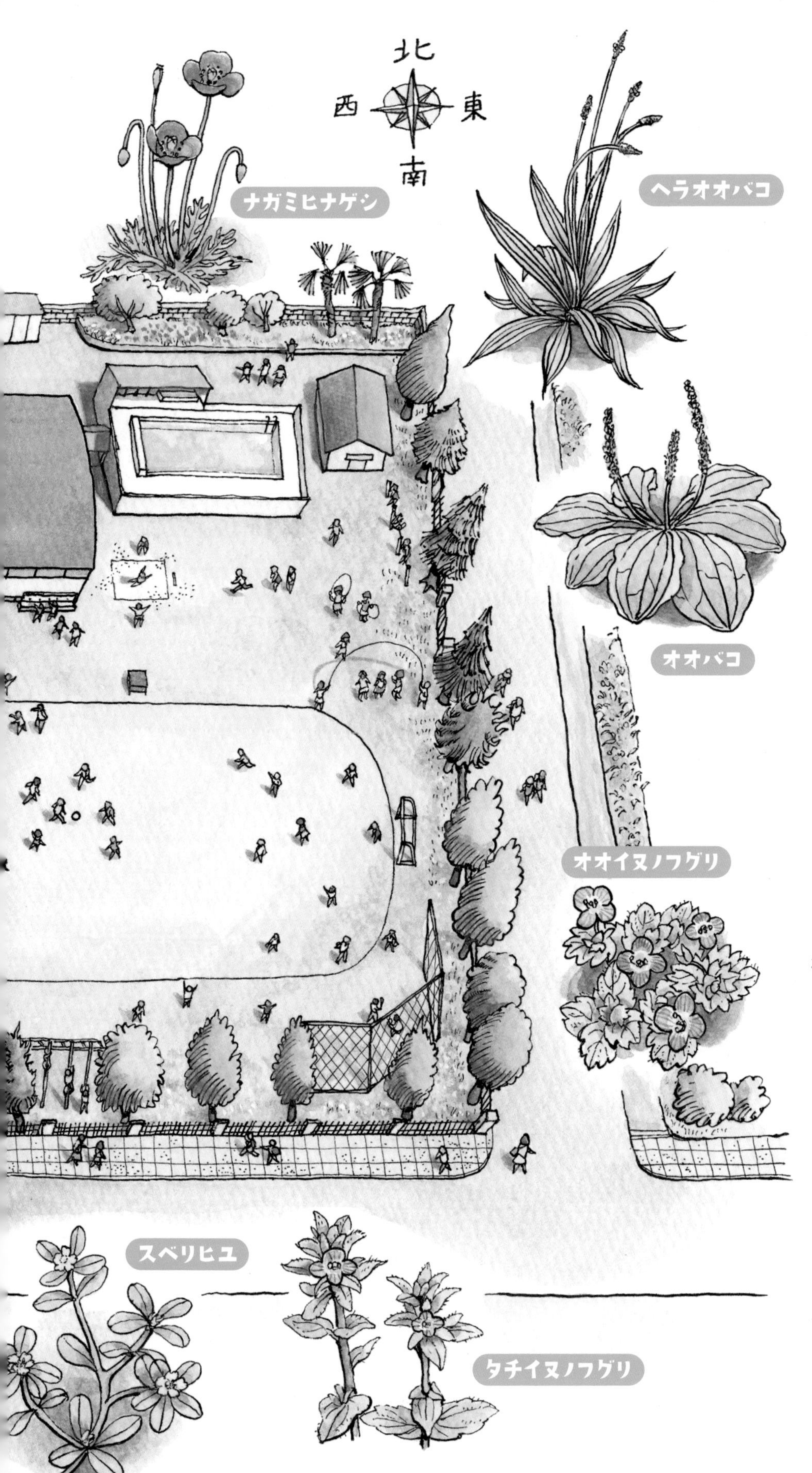

学校はまるで街の環境のミニチュア版です。花だんには公園の植えこみのようにチューリップやビオラ、セイヨウアブラナやポーチュラカなどのきれいな花が植えられているのではないでしょうか。
みんなが元気よく走り回る日当たりのいい校庭には、街の駐車場や空き地にあるような踏まれ強いオオバコやオヒシバが、植えこみの木の下にはナガエコミカンソウやコニシキソウが、芝生にはニワゼキショウやネジバナが、日当たりのいい塀ぞいやフェンス際にはナガミヒナゲシやヘラオオバコが、校舎裏の日陰にはドクダミが、といった具合です。そんな植物の中で、外国から来た植物はどれか調べてみましょう。

セイヨウアブラナ

油をとるために世界中で栽培！

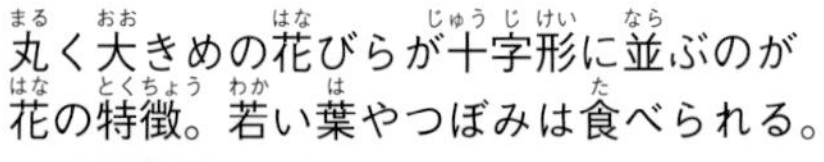

丸く大きめの花びらが十字形に並ぶのが花の特徴。若い葉やつぼみは食べられる。

●分類：アブラナ科・アブラナ属
●花期：1～5月
●原産地：北ヨーロッパ
●渡来時期：明治時代初期

外来種

日本では昔から、たねから菜種油をとるためにアブラナを作っていました。そこへ明治時代に、よりたくさんの油がとれる北ヨーロッパ生まれのセイヨウアブラナが入ってきてアブラナにとって代わりました。今ではそれが日本中に広がりました。

アブラナは油菜

見分け方

茎の中ほどの葉をくらべてみると、セイヨウアブラナの葉はつけ根の部分が茎をまくように取り囲んでいるが、セイヨウカラシナの葉は茎を取り囲んでいない。

セイヨウアブラナ

セイヨウカラシナ

たねはマスタード（からし）の原料だった！

セイヨウカラシナ

たねからからしを作るので芥子菜とよびます。日本には最初は弥生時代に中国から入ってきて在来種カラシナとなりましたが、その原種が明治時代に入ってきて野生化したのがセイヨウカラシナといわれています。川ぞいの土手に多く、全体に細身なのが特徴です。

花の形はX形かH形に見える。葉や若い茎は食用になり、辛味が特徴。

外来種

- 分類：アブラナ科・アブラナ属
- 花期：2～5月
- 原産地：中央アジア
- 渡来時期：明治時代

日本の春から消えた?

アブラナ

葉はセイヨウアブラナのように灰色がからず、色もやや明るめ。

在来種

●分類：アブラナ科・アブラナ属
●花期：12～4月
●分布：日本全土

明治時代まではこの在来種のアブラナが菜種油の原料として育てられていましたが、今では油がより多くとれるセイヨウアブラナにとって代わられました。しかし葉は在来種の方がやわらかいので、今ではおもに葉やつぼみを食べる野菜として育てられています。

くらべてみよう!

セイヨウアブラナ

花びらは丸く大きめ。がくは目立たない。

たねの直径は2mm弱。丸くて黒い。

セイヨウカラシナ

花びらは細長く、色もいくらか淡い感じ。

たねの直径は1～1.5mm。赤茶色っぽい。

アブラナ

花びらは丸いがやや楕円。がくが目立つ。

たねの直径は1.5～2mm。茶色っぽい。

ナノハナの仲間大集合

ナノハナを咲かせる野菜

ナノハナとは菜の花、つまり菜っ葉の花という意味です。葉っぱやつぼみや根を食べているアブラナ科の野菜の多くは黄色いナノハナを咲かせます。

紫色のナノハナ発見

中国生まれの帰化植物で、日本ではあまり食べませんが、若い葉は食べられますし、たねから油もとれます。花が紫色で美しいので、花を楽しむために植えられたものが野生化もしています。

オオアラセイトウ、ハナダイコン、ムラサキハナナなどの名でよばれることも。

別名
「星の瞳」

オオイヌノフグリ

校庭のすみなどの陽だまりで春のはじめにかわいい水色の花を咲かせる、明治時代に日本に入ってきた帰化植物です。それ以前から在来種のイヌノフグリがありましたが、今ではこの外来種の方が多く、在来種はすっかり見かけなくなりました。

外来種

●分類：
オオバコ科・クワガタソウ属
●花期：2～5月
●原産地：ヨーロッパ、西アジア
●渡来時期：明治時代初期

在来種のイヌノフグリ（左）とはこれだけ大きさがちがう。

イヌノフグリ

絶滅が心配な在来種

在来種

●分類：オオバコ科・クワガタソウ属
●花期：2～4月
●分布：本州、四国、九州、沖縄

在来種のイヌノフグリです。最近はすっかり見かけなくなり、絶滅が心配される植物に指定されています。この草の果実が犬の陰嚢に似ているという理由で、こんな名前がつきました。うっすら赤紫色のすじがある白っぽい花は2～3㎜しかありません。

外来種

●分類：
オオバコ科・クワガタソウ属
●花期：2～5月
●原産地：ヨーロッパ、アフリカ
●渡来時期：明治時代初期

花は直径3～4mmしかないうえ、晴れた日に数時間しか開かない。

葉にかくれて咲く目立たない花！

タチイヌノフグリ

イヌノフグリの仲間は地をはうものが多い中、茎がまっすぐ立つのが特徴です。葉や花は小さいうえ、花は茎の上部の葉の間にかくれるようにつくので目立ちません。濃いめの青色でとてもきれいです。

セイヨウヒルガオ

最初は明治時代に花を楽しむ植物として日本に来ましたが、昭和時代に外国から入ってきた野菜や穀物に混じったたねが鉄道で運ばれ、あちこちでふえました。そのため線路ぞいや幹線道路ぞいなどに多く見られます。乾燥に強い丈夫な植物です。

鑑賞用として日本にやってきた

花は白色～淡い紅色で直径約3cm。花の下の花茎(花のみがつく茎)の途中に小さな1対の葉のようなものがあるのが特徴。

花が小さい!

外来種

●分類：ヒルガオ科・セイヨウヒルガオ属
●花期：7～9月
●原産地：ヨーロッパ
●渡来時期：明治時代

ヒルガオ

古くから日本に生えていたことが『万葉集』に詠まれていることから分かります。古くは「容花」とよばれていましたが、後にアサガオが中国から渡ってきてからヒルガオとよばれるようになったといいます。葉の端はあまり張り出しません。

ヒルガオの花は直径5～6cm。ほかによく似てひと回り小さい（直径約4cm）コヒルガオもある。名前の由来は、朝早く咲き、昼間も花が開いていることによる。

在来種

●分類：ヒルガオ科・ヒルガオ属
●花期：6～9月
●分布：北海道、本州、四国、九州

花が大きい!

ツボミオオバコ

●分類：オオバコ科・オオバコ属
●花期：5～8月
●原産地：北アメリカ
●渡来時期：昭和時代

昭和時代に北アメリカから入ってきた新しい帰化植物です。表にも裏にも毛が生えた細長い葉と、開花しなくても実ができるつぼみのような花が特徴です。

長くつき出たおしべが美しい！

ヘラオオバコ

ツボミオオバコよりも古く、江戸時代末期に渡ってきました。この草のふるさとのヨーロッパでは石灰岩の間などに生えているため、日本では歩道のコンクリートのすきまなどにも平気で育っています。花びらのない小さな花を下から順に咲かせます。

外来種

●分類：
オオバコ科・オオバコ属
●花期：6～8月
●原産地：ヨーロッパ
●渡来時期：江戸時代末期

オオバコ

踏まれても強い たくましい草

在来種

●分類：オオバコ科・オオバコ属
●花期：5～8月
●分布：日本全土

田畑周辺の土の道や舗装していない駐車場などでよく見られます。茎は短くて地面の下にあるうえ、その根元から出た葉はとても丈夫なので、車や靴で踏まれても平気です。

外国から来た仲間も育たないような車輪の跡などに生えることで、ライバルとすみ分けているがんばり屋の在来種。

別名は車前草

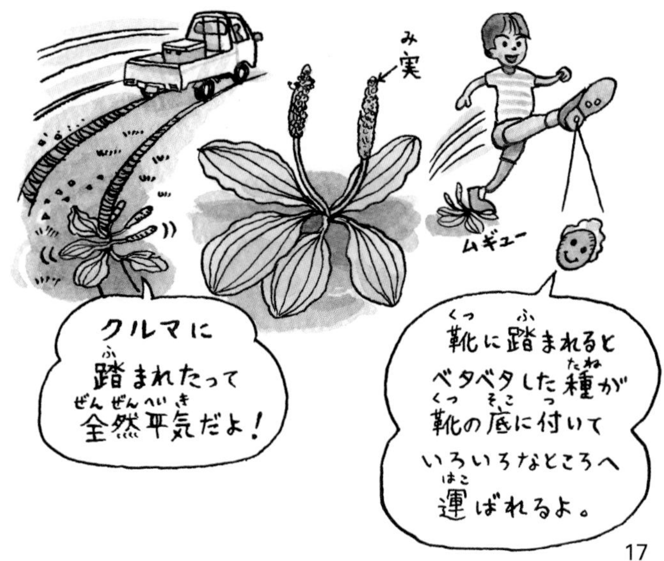

元気な日本の在来種

昔はゴギョウとよばれた春の七草のひとつ。畑から街路樹の下まで、いろいろな場所に生える。

ハハコグサ

ヘビイチゴ

やや湿った空き地などで、ほかの草に負けずに群生し、黄色い花を咲かせ赤い実をつける。

外国から来た植物ばかりが目について、まるで在来種がなくなってしまったように思えますが、オオバコのように、いろいろな環境で多くの在来種が、それぞれ自分の特徴を生かしてライバルと競ったりすみ分けたりしてがんばっています。

刈っても刈っても地面の下をのびる茎でふえる丈夫な在来種。昔から「十薬」とよばれて親しまれる有名な薬草でもある。

ドクダミ

これだけあざやかな青色の花は、外国から来た植物にもあまりない。

ツユクサ

ヨメナ

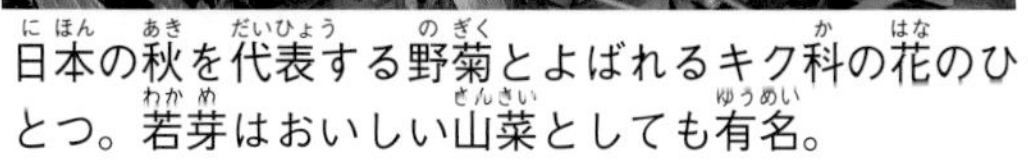

日本の秋を代表する野菊とよばれるキク科の花のひとつ。若芽はおいしい山菜としても有名。

ヘクソカズラ

フェンスやかき根にからむつる性の植物で、全体にもむと臭いのでこの名がついたが、花はとてもかわいい。

タチツボスミレ

公園から里山の林縁まで、たくさん見られるスミレの仲間。よく群生し、淡い紫色の花が美しい。

ススキ

秋の七草のオバナとして知られるほか、お月見にも欠かせない。かやぶき屋根の材料としても重要だった。

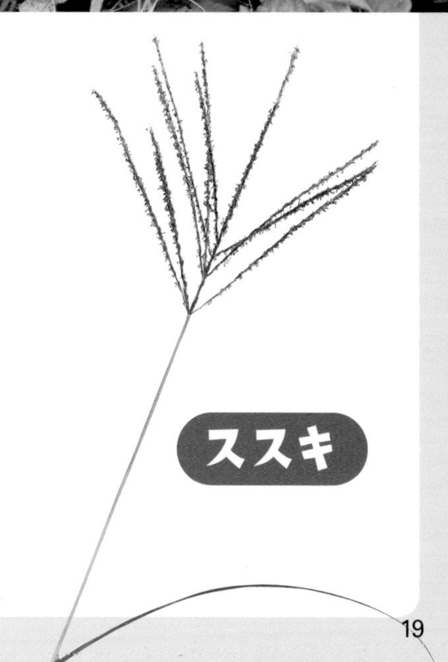

ポーチュラカ

葉や茎は肉厚なので夏の暑さや乾燥にも強く、晴れるといっせいに花を開く。花は夕方にはしぼむが、毎日次々と新しい花を咲かせる。

最近、夏の花だんの主役のようになっているのがポーチュラカ(ハナスベリヒユ)です。同じころに咲くマツバボタンも近い仲間ですが、ポーチュラカの方が葉は幅広で花色や咲き方はより多彩です。

外来種

- 分類:スベリヒユ科・スベリヒユ属
- 花期:6～10月
- 原産地:南アメリカ
- 渡来時期:昭和時代

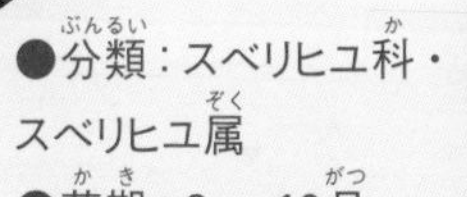

花色はいろいろで八重咲きやもよう入りもある。

スベリヒユ

花はふつう午前中の数時間しか開かないので、咲いているところはなかなか見られない。

スベリヒユのサラダ

サラダにして召し上がれ！

日本のポーチュラカがスベリヒユです。葉の形や肉厚な質感、小さいけれど花の形も園芸種のポーチュラカとそっくりで、園芸種の原種のひとつともいわれています。また生でもゆでても食べられる野菜でもあります。

スベリヒユのおひたし

在来種

●分類：スベリヒユ科・スベリヒユ属
●花期：6～9月
●分布：日本全土

道端や校庭のフェンス際などで、ヒナゲシを小さくしたようなサーモンピンクの花を見たことはないでしょうか。ヨーロッパがふるさとのナガミヒナゲシです。昭和時代に渡ってきて近年とくにふえている植物です。

都会の春の花の代表種！

ナガミヒナゲシ

大繁殖の秘密

実はじゅくすと上部にすきまができて、長い花茎が風にゆれるたびに、細かいたねを散らします。その数はひとつの実で1,500とも2,000ともいわれ、1株で10万個を超えることもあります。

この細長い実が名前の由来。はじめは緑色だが実ができると灰色っぽい茶色になって上の方にすきまができる。

外来種

- 分類：ケシ科・ケシ属
- 花期：4～5月
- 原産地：ヨーロッパ
- 渡来時期：昭和時代

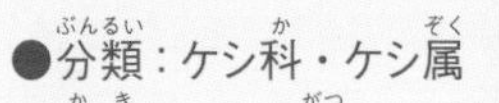

外来種は悪者？

最近ナガミヒナゲシは駆除（取りのぞくこと）しなければならない植物だといわれることがあります。しかし、ナガミヒナゲシは国が指定する駆除の対象となる特殊外来生物（農作物や人間に害をおよぼすおそれがある生物）には入っていません。人がやたらと種をまいてふやすのはどうかと思いますが、駆除することもないでしょう。

このほかにも外来種というだけで悪者あつかいされるものも多いようですが、世界中から人や物が行き来する今では、外来種なしの環境は考えられません。しっかり調査、研究して正しくつきあっていく方法を考える必要があるといえるでしょう。

外来種

花だんによく植えられるこの花は、毎年こぼれたたねから芽を出して育ち、暑い夏に花を咲かせます。インドから中国南部がふるさとなので暑さには強いのでしょう。

はじけ飛ぶ
たねがすごい!

ホウセンカ

●分類：ツリフネソウ科・ツリフネソウ属
●花期：6 ～ 10月
●原産地：インド、中国南部
●渡来時期：江戸時代

はじけ飛ぶ種！

ボクたち
ホウセンカの種は
実が熟すと
はじけ飛ぶよ！

パチン
プルン
すごい！

サルビアの仲間は世界のあちこちにありますが、日本ではサルビアというとブラジル生まれのサルビア・スプレンデンスという、この赤い花をさすことが多いようです。

●分類：シソ科・アキギリ属
●花期：6 ～ 11月
●原産地：ブラジル
●渡来時期：明治時代

サルビア

花には
甘い蜜が
たっぷり!

花の形は何に見えるかな?

日本にもホウセンカの仲間があります。山の川の周辺などに生えるツリフネソウです。ぶら下がって咲く花や、その後ろの蜜のある細長い部分もよく似ています。

ツリフネソウ

～名前の由来～

つり船草

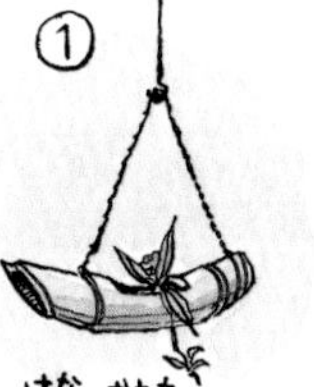

①花の形をいけばなで使うつり船花器に見立てた?

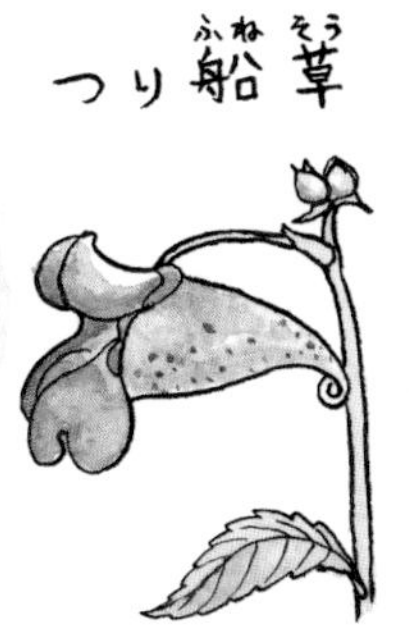

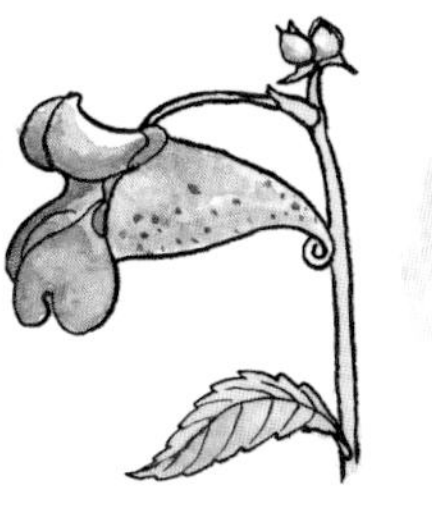

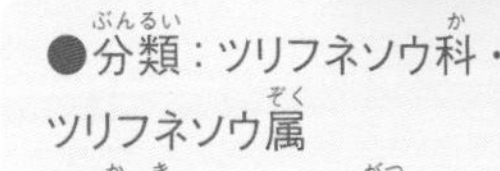

②ほかけ船がつられている?

●分類：ツリフネソウ科・ツリフネソウ属
●花期：8 ～ 10月
●分布：北海道、本州、四国、九州

日本の低い山の木陰などに咲くこの花の学名はサルビア・ニッポニカ。日本のサルビアという意味です。花には蜜を求めて多くのハチやチョウなどが集まります。

●分類：シソ科・アキギリ属
●花期：8 ～ 10月
●分布：本州、四国、九州

キバナアキギリ

日本原産のサルビア!

外来種

春の花だんをいろどるチューリップのふるさとは中央アジアから北アフリカにかけてといわれています。日本には江戸時代の終わりごろに渡ってきました。

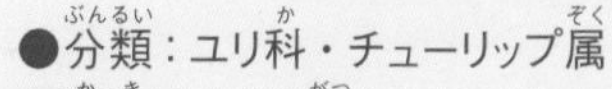

●分類：ユリ科・チューリップ属
●花期：3～5月
●原産地：中央アジア～北アフリカ
●渡来時期：江戸時代末期

チューリップ

世界中で
愛される春の花

土の中には球根があって、花や葉がかれても翌年また球根から芽を出す。

花の真ん中の輪になった花びら（副花冠）がラッパのように大きいものをラッパズイセンといいます。明治時代に日本にやってきて、よく花だんに植えられています。

ラッパの形の
花びらが
名前の由来！

ラッパズイセン

●分類：ヒガンバナ科・スイセン属
●花期：3～4月
●原産地：地中海沿岸
●渡来時期：明治時代末期

在来種

草地に生えるアマナは、日本のチューリップです。花びらは細めですが花のつくりはそっくり。花だんのチューリップも、もともとはアマナのように小さなものでした。

アマナ

日本のチューリップ!

●分類：ユリ科・アマナ属
●花期：3～4月
●分布：本州、四国、九州

日本に昔からあるスイセンです。でも本当はスイセンの仲間のふるさとはヨーロッパの地中海沿岸ですから、古い時代に中国を通って入ってきたと考えられています。

寒い季節に咲く香り高いスイセン

ニホンズイセン

●分類：ヒガンバナ科・スイセン属
●花期：12～4月
●分布：本州、四国、九州

芝生に群生する
かわいい花

外来種

- ●分類：
アヤメ科・ニワゼキショウ属
- ●花期：5～6月
- ●原産地：北アメリカ
- ●渡来時期：明治時代中期

明治時代に花を楽しむために北アメリカから入ってきました。それが今では草地や芝生にも生えています。花には赤紫色と白色があります。

ハナニラ

今もどんどん
ふえ続ける
球根植物

花には甘い香りがある。白い花が多いが、うす紫やピンクもある。

葉に野菜のニラの匂いがあるのでハナニラとよばれます。もともとは南アメリカの草ですが、花が白くてきれいなので観賞用に明治時代に入ってきました。

- ●分類：ユリ科・ハナニラ属
- ●花期：3～4月
- ●原産地：中央・南アメリカ
- ●渡来時期：明治時代中期

ナガエコミカンソウ

外来種

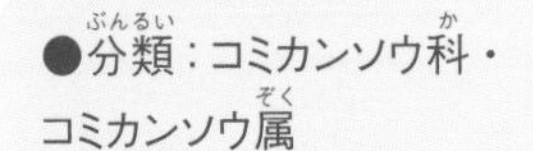

●分類：コミカンソウ科・コミカンソウ属
●花期：6～1月
●原産地：インド洋マスカリン諸島
●渡来時期：明治時代

ミカンに似ている小さな実！

長い柄のついたミカンに似た実がなるのでこの名がつきました。空き地や植えこみの下などで見られます。

コニシキソウ

アリによる繁殖戦略！

トビイロシワアリという
アリが種をくわえて
巣に運ぶんだ。
でも、なぜか途中で
捨ててしまうので
そこから芽を出して
増えていくんだよ。

外来種

●分類：トウダイグサ科・ニシキソウ属
●花期：7～9月
●原産地：北アメリカ
●渡来時期：明治時代

地面をはいながら四方八方へ

地面にはりつくように低く広がる踏まれ強い草です。北アメリカ生まれで、明治時代に日本に来ました。花もたねもアリの生活と深い関係があります。

学校花だんの人気者

育てたりながめたりして楽しむために、花だんや庭に植える植物を園芸植物といいます。自然の中の植物から美しいものを選び、花をさらに大きくしたり育てやすくしたりといった改良をしたもので、その多くは外国から来た植物です。ここにある植物もすべて外国生まれです。

ペチュニア

南アメリカ生まれの植物で、ヨーロッパで多くの品種が生まれ、日本でも新しい品種を作り出している。

ビオラ

パンジーより小さい花のものをビオラとよぶことが多い。

ニチニチソウ

マダガスカル生まれのきれいな花だが、毒がある。薬にも使われるが、決して口にしてはいけない。

コスモス

日本では「秋桜」と書き、秋の花として親しまれている。最近は背の低い品種なども作られている。

ヒマワリは北アメリカがふるさと。今では花の大きさや色のちがう多くの品種を見ることができる。

ヒマワリ

クリスマスローズ

クリスマスごろに咲くのでこうよばれるが、日本では多くが3月ごろに咲く。毒がある。

スイートアリッサム

日本名のニワナズナという名前のとおり、花はナズナにそっくり。

フレンチマリーゴールド、アフリカンマリーゴールドなどがあるが、すべてメキシコ周辺がふるさと。

マリーゴールド

写真・文／亀田龍吉（かめだ りゅうきち）

1953年、千葉県館山市生まれ。自然写真家。人間も含めた自然全般に興味を持ち、庭先から熱帯雨林まで、植物、昆虫、鳥、野菜などを撮り続けている。『調べてみよう 名前のひみつ　雑草図鑑』『生き物たちの冬ごし図鑑　植物』（汐文社）、『雑草の呼び名事典』『ルーペで発見！雑草観察ブック』（世界文化社）、『花からわかる野菜の図鑑』（文一総合出版）、『散歩しながら子どもに教えてあげられる草花図鑑』（主婦の友社）など、多数の著作・共著がある。

絵／里見和彦

編集／飯田 猛（編集工房ノーム）

企画協力／株式会社 新潟学習社

デザイン／山口デザイン事務所（堀江久実）

くらべてみよう！
学校のまわりの外国から来た植物
1 校庭 セイヨウアブラナ・オオイヌノフグリほか

2020年8月　初版第1刷発行

写真・文／亀田龍吉

発行者／小安宏幸
発行所／株式会社 汐文社
〒102-0071　東京都千代田区富士見1-6-1
TEL 03-6862-5200　FAX 03-6862-5202
https://www.choubunsha.com

印刷・製本／株式会社廣済堂

ISBN 978-4-8113-2728-0
乱丁・落丁本はお取替えいたします。
ご意見・ご感想はread@choubunsha.comまでお寄せください。